BEI GRIN MACHT SICH IHR WISSEN BEZAHLT

- Wir veröffentlichen Ihre Hausarbeit,
  Bachelor- und Masterarbeit

- Ihr eigenes eBook und Buch -
  weltweit in allen wichtigen Shops

- Verdienen Sie an jedem Verkauf

Jetzt bei www.GRIN.com hochladen
und kostenlos publizieren

Acid Mine Drainage. Versauerung von Gewässern durch die Ressourcengewinnung aus der Erde

Maik Bartuschk

Bibliografische Information der Deutschen Nationalbibliothek:

Die Deutsche Nationalbibliothek verzeichnet diese Publikation in der Deutschen Nationalbibliografie; detaillierte bibliografische Daten sind im Internet über http://dnb.d-nb.de abrufbar.

ISBN: 9783346446473
Dieses Buch ist auch als E-Book erhältlich.

Fakultät 2: Umwelt und Naturwissenschaften

Lehrstuhl Bodenschutz und Rekultivierung

Modul 42310 Bodenschutz und Rekultivierung

Wintersemester 2019

Acid Mine Drainage

Ursachen, Verbreitung und Gegenmaßnahmen

Seminararbeit

Eingereicht von: Maik Bartuschk

Wirtschaftsingenieurwesen Umwelttechnik, M.Sc.

2.Fachsemester

Eingereicht am: 05.01.2020

Inhaltsverzeichnis

Einleitung

Die folgende Seminararbeit beschäftigt sich mit der Versauerung von Gewässern durch die Ressourcengewinnung aus der Erde.

Seit dem Anbeginn des Bergbaus ist das Element Wasser eines der größten Herausforderungen im täglichen Arbeitsprozess. In diesem Zusammenhang müssen die Bewetterung und Entwässerung der Anlagen sichergestellt werden. Durch das Zutage fördern von ehemals tieferen Erdschichten werden verschiedene Gesteinsarten ausgelagert und die darin befindlichen Minerale aufgrund natürlicher Witterungseinflüsse (Wasser, Sauerstoff) ausgewaschsen. In Folge des chemischen Prozesses entstehen saure Grubenwässer, welche im englischen Sprachgebrauch als Acid Mine Drainage (AMD) bezeichnet werden. Das Problem dieser sauren Bergbauausflüsse besteht in ihrer Zusammensetzung und den stark abweichenden Eigenschaften in Bezug auf alle anderen Wassertypen (vgl. Kaboth, 2009, S.1).

Das Ziel dieser Seminararbeit ist es, einen Überblick über die Problematik des Acid Mine Drainage zu erlangen. Es erfolgte dazu eine Ausarbeitung der drei Themenschwerpunkte durch eine literaturgestützte Recherche an Fachliteratur.

Nach einer ersten Begriffsbestimmung werden zunächst in Kapitel 3 die Ursachen für die Bildung der sauren Bergbauwässer dargelegt. Es folgt in Kapitel 4 ein Überblick über die Auswirkungen auf dem Gebiet der Bundesrepublik Deutschland und die Renaturierungskosten im globalen Umfeld. In 5. Kapitel liegt der Schwerpunkt auf den Möglichkeiten der Gegenmaßnahmen zum Schutz der Umwelt, dazu werden einzelne Abläufe der Neutralisierung des Wassers näher betrachtet. Die Seminararbeit endet mit einem kurzen Fazit, welches die Ergebnisse zusammenfassend reflektiert.

Eine weltweite Betrachtung des Themas AMD wird nicht vollzogen, sondern findet nur in Kapitel 4 einen kurzen Exkurs.

Begriffsbestimmung

Grubenwasser

Im Zuge von Rohstoffförderungen (Abbildung 1) aus dem Erdboden ist ein umfassendes Wassermanagement von Nöten. In diesem Zusammenhang werden Wasserströme bewegt, umgeleitet und zu Tage gefördert. Unter anderem kommt es bei der Gewinnung von Braunkohle zur Bewegung von Wasser aus den Förderungsgruben. Dieses Grubenwasser ist für den Förderungsprozess hinderlich und wird aus dem Fördergebiet entfernt. Das Grubenwasser ist im Allgemeinen ein Abfallstrom, welcher je nach Land auch als Abfall angesehen wird. Aufgrund einer unwesentlichen Kontaminierung des Wassers, stellt er in den meisten Fällen keine Gefahr für die Ökosphäre, Anthroposphäre und das Grundwasser dar. In speziellen Fällen besteht durch Veränderungen der Wassereigenschaften, wie die erhöhte Mineralisierung, Handlungsbedarf durch die bergbaubetreibenden Unternehmen (vgl. Wolkersdorfer, o.J., S.106). Weiterhin bildet sich freies Wasser durch natürliche Wetterbedingungen in den Gewinnungsgebieten. Durch natürliche Niederschläge und Schnee im Einzugsgebiet des Tagebaues und zufließendes Restwasser aus Böschungen können sich Staumassen bilden. Um einen reibungslosen Förderungsablauf zu gewährleisten ist eine Vernässung durch Standwasser zu vermeiden. Dies wird durch technische Maßnahmen gewährleistet. Im ersten Schritt wird das gesammelte Grubenwasser durch Gräben zu stationären Wasserhaltungen und Gesenken geführt und dort gesammelt, um es in folgenden Verlauf mit Hilfe von Schmutzwasserpumpen und beweglichen Ableitungssystemen aus dem Tagebau zu führen (vgl. Stoll et al., 2009, S.100).

Abbildung 1: Im Steinbruch Brößnitz entsteht beim Abbau von Grauwacke saures Grubenwasser (Sächsische Zeitung, 2019)

In vielen Industriezweigen (z.B. Rauchgaswäsche, galvanische Produktion) fallen saure schwefelreiche Abfallwässer als Nebenprodukt von Produktionsprozessen an. Ein Hauptproduzent von kontaminierten Wässern ist die Bergbauindustrie. Von stillgelegten Minen und den ungenutzten sauren Abfällen geht eine Gefahr für die Umwelt aus. In diesen Reststoffen befinden sich oft eine erhöhte Konzentration von metallischen Rückstanden (Eisen, Aluminium, Mangan) und Schwermetallen. Die giftigen Rückstände von Arsen sind die größte Gefahr in diesem Zusammenhang (vgl. Johnson, 2005, S.3). In Folge verschiedener chemischer Prozesse nach der Zutageförderung des ungenutzten Abraumes kommt es zur Versauerung der Umgebung und Umwelt. Ein Hauptproblem ist die erhöhte Mineralisierung des Wassers durch die Verwitterung von Pyrit speziell im Braunkohletagebau. Sie sorgt im weiteren Verlauf für eine Änderung des pH-Wertes im Wasser und dessen Braunfärbung. Die Folge sind saure Grubenwässer. Diese kontaminierten Grubenwässer können tausende Kilometer an Gewässern verunreinigen, die Lebensqualität von Menschen beeinträchtigten und Naturschutzgebiete bedrohen (vgl. Wolkersdorfer, o.J., S.106). Saure Grubenwässer sind durch mineralische und metallische Stoffe verunreinigte Wässer aufgrund Bergbautätigkeiten. Analog zum deutschen Begriff ist in der englischsprachigen Literatur von „Acid Mine Drainage (AMD)" die Rede. Diese Begrifflichkeit findet sich mittlerweile auch in der deutschen Literatur wieder und bezeichnet das Problem der Versauerung des Wassers durch gelöste Metallanreicherungen (vgl. Johnson, 2005, S.3).

Ursachen

Die Entstehung von sauren Grubenwässern findet durch den Abbau von Erz- und Kohle statt. Bei diesem Prozess werden Rohstoffe gewonnen, abtransportiert und weiterverarbeitet. Ein Abfallprodukt in diesem Prozess sind die nicht gewinnbringenden Erdschichten, welche im Zuge der Förderung umgeschichtet werden. In diesen Erdschichten befinden sich verschiedene Schadstoffe, wie Eisen und Schwefelmineralien. Durch das Aufschütten von Altbergbau- und Schlackehalden gelangen die Schadstoffe in Form von Sickerwässern und Verwehungen in die Umgebung (vgl. Kaboth, o.J., S.7). Unter anderem sind in den Erzen Pyrit oder Markasit sowie andere sulfidische, metall- und arsenhaltige Minerale enthalten. Das großflächige Aufschütten sorgt weiterhin für eine künstlich geschaffene vergrößerte reaktive Oberfläche, auf der eine beschleunigte Verwitterung im Vergleich zu natürlichen Systemen stattfinden kann (vgl. Willscher, o.J., S.139). Die Oxidation von Pyrit tritt vor allem beim Abbau sulfidischer Metallvererzungen bzw. mit Sulfiden assoziierter Metallvorkommen auf. Aber auch die bereits genannte Braun- und Steinkohlegewinnung ist eine der Ursachen für die Problematik des AMD (vgl. Friese, 2005, S.22). Durch die Verwitterung von Pyrit kommt es zu einer Reihe an Umweltveränderungen in Folge bergbaulicher Aktivitäten. Durch den Kontakt mit Sauerstoff aus der Umgebungsluft kommt es zu einer chemischen Reaktion dessen Folge die Bildung von Schwefelsäure ist. Durch mikrobakterielle Abläufe wird dieser Vorgang katalysiert und führt dadurch zu einer Versauerung des Wassers (vgl. Guderian & Gunkel, 2000, S.357) Die Mikrobakterien wirken in dem Prozess mit. Der pH-Wert spielt in dem Zusammenhang eine tragende Rolle und sorgt je nach Höhe dafür, dass Jarosit, Ferrihydrit, Schwertmannit oder Goethit entstehen (vgl. Blume et al., 2010, S.36).

Bei der chemischen Betrachtung wird das unstabile FeS_2 durch die Aufnahme von Wasser und Sauerstoff in gelöstes zwei- oder dreiwertiges Eisen und Sulfat umgeformt. Im Verlauf dieser komplexen Reaktion werden H^+-Ionen frei, welche zu dem gelösten Eisen freie Schwefelsäure freigeben. Die folgenden Gleichungen stellen die wichtigsten Schritte in der Oxidation des Pyrites und der damit verbundenen Versauerung des Wassers dar.

1. $FeS_2 + 3,5 O_2 + H_2O \rightarrow Fe^{2+} + 2SO_4^{2-} + 2H^+$
2. $Fe^{2+} + 0,25 O_2 + 2,5\, H_2O \rightarrow Fe(OH)_3 + 2H^+$

In Gleichung 1 findet die Oxidation des Schwefels und in Gleichung 2 die Hydrolyse des Eisens statt. Beide Formeln finden über eine Folge von Teilreaktionen statt. Hauptsächlich findet die Umwandlung des Pyrites unter stark sauren Bedingungen statt und besitzt mit nachfolgender Gleichung 3 den dominierenden Charakter

3. $FeS_2 + 14Fe^{3+} + 8H_2O \rightarrow 15Fe^{2+} + 2\ SO^{2-}_4 + 16H^+$

(vgl. Guderian & Gunkel, 2000, S.357). Der pH-Wert sinkt in den extrem sauren Bereich ab, wenn die Schwefelsäure nicht neutralisiert wird. Die Geschwindigkeit des Absinkens wird durch die Schwefelbakterien Thiobacillus ferrooxidans und Thiobacillus thiooxidans entscheidend beschleunigt. Das Thiobacillus ferroxidans greift hauptsächlich Schwermetallsulfide an und ist besetzt dadurch eine Schlüsselfunktion im Prozess. Thiobakterien finden sich in allen bisher analysierten Substraten an Kippenböden wieder (vgl. Pflug, 1998, S.560).

Verbreitung

Weltweit

Die Versauerung von Gewässern im Zusammenhang mit Bergbauaktivitäten ist ein weltweites Problem. Nach einer Schätzung aus dem Jahr 1989 sind weltweit 19.300km fließende Gewässer und 72.000ha ruhende Gewässer ernsthaft durch Bergbauaktivitäten geschädigt. Der exakte Grad der Umweltverschmutzung durch bergbaubedingte Abwässer ist nur schwer zu ermitteln (Johnson, 2005, S.3). Bei der Betrachtung von Kennzahlen im Zuge der Sanierung stillgelegter Flächen und derer Versauerung ergeben sich folgende Größen:

Australien	300Mio	A-Dollar
Kanada	1,9Mrd – 5,3Mrd	US-Dollar
Schweden	900Mio	US-Dollar
USA	32Mrd – 72Mrd	US-Dollar
Südafrika	1Mrd	US-Dollar

Einer Schätzung zufolge belaufen sich die Kosten der momentanen und zukünftigen Verpflichtungen zur Behebung der versauerten Gewässer und Abwässer weltweit auf 100Mrd US-Dollar (vgl. Lottermoser, 2015, S.480). Das auslösende Gestein Pyrit findet sich in diesem Zusammenhang auf den meisten Halden der Kohlegewinnung wieder. Dabei sind britische und amerikanische Abbaugebiete aber auch deutsche Reviere in Sachsen und dem Ruhrgebiet betroffen (vgl. Blume, 2010, S.36).

In der Bundesrepublik Deutschland finden sich auf dem ehemaligen Gebiet der DDR 50% der europäischen Braunkohlevorkommen wieder. In diesem Zusammenhang wurden bei der Förderung zu Spitzenzeiten 75% der Weltförderung erreicht, wobei die Förderung der Kohle bis 1989 in zwei Revieren mit 37 Aktiven Tagebauen stattfand. Einerseits im Mitteldeutschen Revier (Abb. 2) zwischen Halle und Leipzig und weiterhin in der Lausitz zwischen Cottbus und Senftenberg. Im Zuge der Wiedervereinigung wurden 23 Förderstätten geschlossen, wovon im weiteren Verlauf 5 Tagebaue in der Lausitz und 3 im Mitteldeutschen Revier weiter betrieben werden sollen. Diese Gebiete stehen vor der Herausforderung, für die weitere Nutzung gestaltet zu werden. Insbesondere die entstandenen Tagebaurestseen der Lausitz stehen vor der Problemstellung, einer Versauerung entgegenzuwirken. Der Grund dafür liegt in der flächendeckenden Verbreitung von Pyrit und Markasit im Boden. Eine Gewässeranalyse von 219 Bergbaurestseen im Jahre 1979 ergab, dass 63% versauert waren. Insgesamt sind beide Reviere zu 50% von einer Versauerung bedroht. Ob eine künstliche Neutralisation notwendig ist, muss für die einzelnen Fälle abgewogen werden. Die isolierten Restseen sind dabei von den 50 Restseen, die für die umliegende Wasserversorgung genutzt werden sollen, zu unterscheiden. Die Anbindung an den natürlichen Gewässerkreislauf spielt hierbei die entscheidende Rolle. Eine Anbindung der versaucrton Gewässer würde zur Kontamination der Vorfluter und des Grundwassers führen (vgl. Guderian & Gunkel, 2000, S.354).

Abbildung 2: Reviere in Deutschland (Nixdorf et al., 2000, S.1 /)

Gegenmaßnahmen

Kalkung

Um dem Problem der Versauerung von Wasser entgegenzuwirken, entwickelten die Menschen schon in der Mitte des 19. Jahrhunderts erste Lösungsansätze zur Reinigung von sauren Grubenwässern. Ein Beispiel für ein solches Verfahren wurde in Königshütte in Oberschlesien durchgeführt. Durch die Anwendung von gelöschtem Kalk (Calciumhydroxid) gelang es in Oberschlesien die Abwässer zu neutralisieren und für den weiteren Prozess in der Nutzung von Dampfkesseln zur Verfügung zu stellen. Das Prinzip dieser Methode wurde bis 1970 genutzt, um versauerte Grubenwässer zu neutralisieren (vgl. Wolkersdorfer, o.J., S.106). Das Kalken von sauren Seen hat sich in der heutigen Zeit in Schweden tausendfach bewährt. Ein Einsatz ist jedoch nur bei kleinen Seen möglich, da die benötigten Mengen für eine Anhebung des pH-Wertes zu groß wären (vgl. Pflug, 1998, S.934).

Natürliche Prozesse

Eine weitere Möglichkeit ist der natürliche Werdegang der Neutralisierung. Ein Beispiel dafür sind fünf Restseen im Oberpfälzer Revier. Von aktuellen pH-Werten wird auf einen natürlichen Prozess der Neutralisation geschlossen. Zwei in Flutung befindliche Seen weisen einen pH-Wert von 2,8 bis 2,9 auf. Zwei weitere Seen im Alter von 15 bis 16 Jahren besitzen einen höheren pH-Wert von 3,2 und bei einem See mit 31 Jahren ist der Wert bei 5,0 seit Flutungsbeginn (vgl. Guderian & Gunkel, 2000, S.362). Diese Form der natürlichen Neutralisierung ist ein sehr langsamer Prozess und wurde durch Langzeitbeobachtungen belegt (vgl. Pflug, 1998, S.934).

Füllung mit Oberflächenwasser

Ein weiterer Ansatz ist die Flutung der ehemaligen Tagebaurestlöcher in Deutschland mit Flusswasser aus den umliegenden Gewässern (Abb.3 Nr.2). Bevor diese Entscheidungen getroffen werden, müssen die im Flusswasser befindlichen Stoffe analysiert und ihr späterer Verbleib im Seewasser bzw. im Grundwasser ermittelt und bewertet werden. Der Vorteil bei einer Flutung durch mit Fließwasser hat technisch gesehen den Vorteil, dass die Böschungsränder eine erhöhte Standfestigkeit aufweisen. Weiterhin wird der Versauerung entgegengewirkt, indem das Füllwasser die zuvor entwässerten Hohlräume schließt. Einerseits bindet der Schwefelwasserstoff als geochemisches Fällmittel das Eisen und anderseits wird die Versauerung gestoppt. Dies geschieht durch den Prozess der sulfidischen Festlegung des Schwefels. Eine Versauerung des zukünftigen Sees wird mithilfe dieser Möglichkeit unterbunden (vgl. Pflug, 1998, S.929).

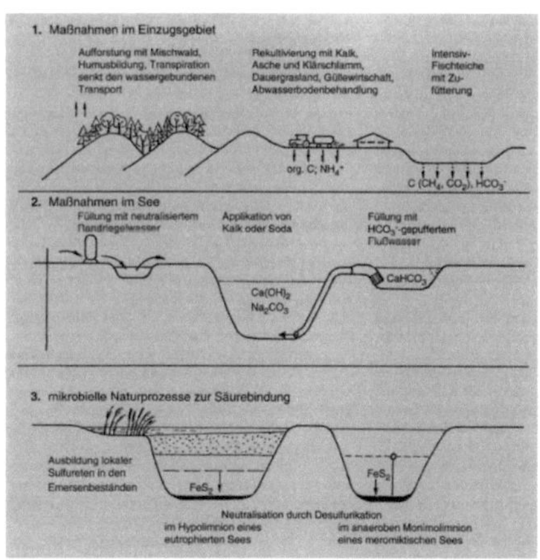

Abbildung 3 Maßnahmen gegen Versauerung (Pflug, 1998, S.936)

Behandlung der Gewässerränder

Die Option einer indirekten Gegenmaßnahme bietet die Behandlung der Gewässerränder. Durch das Aufbringen von Asche, Kalk und kohlenstoffreichen Bodenbildnern, z.B. Klärschlamm), die Bepflanzung mit verdunstender Vegetation und die damit verbundene erhöhte Wasserabnahme oder das gezielte Anregen der Humusproduktion durch Aufforsten mit Mischwald wird der Wasser- und Sauerstofftransport in den Kippsubstrate vermindert. Die Schadstoffe werden dadurch im Boden gebunden und eine Umsetzung der Reaktion in den See ist verringert (vgl. Pflug,1998, S. 934).

Methodik

Ich habe grundlegend eine konzeptionelle Erkundung zum Thema des „Acid Mine Drainage" durchgeführt. Die Erarbeitung wurde durch die systematische Sichtung von akademischen Artikeln mit dem Fokus der drei Schwerpunkte Ursachen, Verbreitung und Gegenmaßnahmen durchgeführt.

Hierbei wurde im ersten Schritt akademische Fachliteratur mithilfe von Google Scholar und dem Bibliothekskatalog der Brandenburgischen Technischen Universität ermittelt, um eine Datenbank anzulegen und eine Recherchegrundlage zu besitzen. Dazu wurden Suchbegriffe wie „AMD" und „saure Grubenwässer" in Kombination mit den Schwerpunktbegriffen genutzt.

Im zweiten Schritt wurden alle verwertbaren Werke sortiert und den jeweiligen Schwerpunkten zugeordnet.

Die Auswertung der angelegten Datenbanken wurde im dritten Schritt vollzogen. Hierbei wurden die einzelnen Schwerpunkte nacheinander bearbeitet.

Fazit

In der vorliegenden Seminararbeit wurden die Herausforderungen im Umgang mit sauren Grubenwässern aufgezeigt. Hierbei lag der Fokus auf dem deutschen Förderungsrevieren.

Im Gebiet der Bundesrepublik Deutschland befinden sich Vorräte von etwa 100 Mrd. Tonnen Braunkohle. Davon sind etwa 58 Mrd. Tonnen wirtschaftlich nach dem Stand der Technik und Energiepreise gewinnbar. Die größten Reviere sind das Rheinische, Lausitzer und Mitteldeutsche Revier, wo 98% der Braunkohlegewinnung stattfinden (vgl. Pflug, 1998, S.6).

Aufgrund dieser Aktivitäten wird Deutschland um über 500 Seen reicher. Teilweise sind die Seen in Revieren mit einer tertiären Mischung von einer extremen Versauerung betroffen. Die Versauerung macht sich durch pH-Werte des Wassers zwischen 2,5 und 3,5 und Basenkapazitäten bis 40 mmol/l bemerkbar. Betroffene

Gebiete sind unter anderem die Lausitz, Mitteldeutschland und Bayern.

Trotz dieser Versauerung finden sich lebende Organismen wie Plankton und Makrophyten in den Bergbauseen wieder. Die Vielfalt der Besiedlung ist dabei vom Säuregrad abhängig, während die Intensität der biologischen Produktion durch den Anteil von Kohlenstoff und Phosphor im Wasser abhängig sind.

Insgesamt ist eine Beeinträchtigung der Gewässernutzung durch direkte Säurebelastung höher als durch das vereinzelte Auftreten von Schadstoffen und Schwermetallen (vgl. Nixdorf et al., 2000, S.9).

Es zeigt sich, dass vor allem Böden aus tertiären Schichten die Voraussetzungen für eine Versauerung der Gewässer ergeben. Dies betrifft vor allem die Lausitzer Böden aufgrund Ihrer sandigen tertiären Bodenbeläge, welche durch den Tagebau beansprucht werden.

Einer Versauerung kann auf verschiedenen Wegen entgegengewirkt werden, wobei der Aufwand und die Kosten je nach Maßnahme variieren.

Abschließend ist zu sagen das über 50% der Tagebauseen in Deutschland einen neutralen Wasserwert besitzen. Diese Zustände sind aufgrund der genannten Maßnahmen entstanden und bieten der Tagebaufolge einen Mehrwert durch die gute bis sehr gute Wasserqualität. Es zeigt, dass eine dauerhafte Versauerung durch natürliche und technische Lösungen behoben werden kann.

Die Kontrolle und Aufbereitung wird weiterhin eine der größten Herausforderungen der Bergbauindustrie bleiben.

Literaturverzeichnis

Blume, H.-P., Brümmer, G.W., Horn, R., Kandeler,E., Kögel-Knaber, I., Kretzschmar, R., Stahr, K. & Wilke, B.-M. (2010): Scheffer/Schachtschabel – Lehrbuch der Bodenkunde, Berlin Heidelberg.

Friese, K. (2005): Hydrochemie und Sedimentgeochemie eines Pyrit-versauerten Bergbausees des Lausitzer Braunkohlereviers (RL-111) als Grundlage zur Entwicklung eines Neutralisationsverfahrens, Halle(Saale).

Guderian, R. (2001): Handbuch der Umweltveränderungen und Ökotoxikologie, Band2B Terrestrische Ökosysteme, Berlin Heidelberg.

Guderian, R. & Gunkel, G. (2000): Handbuch der Umweltveränderungen und Ökotoxikologie, Band3A: Aquatische Systeme, Berlin Heidelberg.

Johnson, D.B., Hallberg, K.B. (2005), Acid mine drainage remediation options: a review, Bangor.

Kaboth, S. (o.J.): Grubenwässer und ihre Auswirkungen auf die Umwelt, Freiberg.

Lottermoser, B. (2015): Prognose von Acid Mine Drainage: Vergangenheit, Gegenwart, Zukunft, Aachen.

Nixdorf, B., Hemm, M., Schlundt, A., Kapfer, M. & Krumbeck, H. (2000): Braunkohletagebauseen in Deutschland, Cottbus.

Pflug, W. (1998): Braunkohlentagebau und Rekultivierung, Berlin Heidelberg.

Sächsische Zeitung (2019) URL: https://www.saechsische.de/saueres-wasser-kommt-nach-brandenburg-5042582.html (Zugriff am 05.Januar 2020).

Stoll, R.D., Niemann-Delius, C., Drebenstedt, C. & Müllensiefen, K. (2009): Der Braunkohletagebau: Bedeutung, Planung, Betrieb, Technik, Umwelt, Berlin Heidelberg.

Willscher, S. (o.J.): Mikrobielle Verwitterungsprozesse bei der Freisetzung von Schwermetallen und Arsen aus fluvialen Tailingsablagerungen, Dresden.

Wolkersdorfer, C. (o.J.): Management von Grubenwasser 3.0 – Blick in die Zukunft, Wendelstein.